AF577904

DER
CORPORATE DESIGN PLANER

IMPRESSUM

ISBN Print: 978-3-8006-7072-7
ISBN E-Book: 978-3-8006-7073-4

Text und Design: Miriam Ertl & Aenne Storm
Druck und Bindung: Beltz Grafische Betriebe GmbH, Am Fliegerhorst 8, 99947 Bad Langensalza

Foto- und Copyrightnachweis: Miriam Ertl/Aenne Storm (Seite 122)
Illustrationen: Miriam Ertl, Aenne Storm

Aus Gründen der besseren Lesbarkeit wird auf die gleichzeitige Verwendung männlicher, weiblicher und diverser Sprachformen verzichtet. Sämtliche Personenbezeichnungen gelten gleichwohl für alle Geschlechter.

www.vahlen.de

MIRIAM ERTL • AENNE STORM

DER CORPORATE DESIGN PLANER

Wie Sie Ihr Erscheinungsbild gemeinsam mit Kreativen entwickeln und Entwürfe sicher beurteilen

VERLAG FRANZ VAHLEN MÜNCHEN

MIRIAM ERTL & AENNE STORM ...

... sind seit dem Designstudium in Hamburg befreundet und tauschen sich seit mehr als 15 Jahren über ihre Erfahrungen in den Bereichen Corporate Design, Editorial Design und Markenführung aus der Tätigkeit in bekannten Agenturen und jetzt als selbstständige Designerinnen aus.
In diesem Buch zeigen sie auf, wie der Weg zu einem erfolgreichen Design gelingt und geben von den Vorüberlegungen bis hin zur Produktion wertvolle Insidertipps für Unternehmer und Marketingexperten, die für das Design ihrer Firma verantwortlich sind.
Die kreativen Arbeiten von Miriam Ertl und Aenne Storm wurden mit Designpreisen ausgezeichnet, unter anderem mit dem iF DESIGN AWARD und dem Red Dot Award.

EINE ANLEITUNG FÜR UNTERNEHMER UND MARKETINGEXPERTEN VON DESIGNERN

INHALT

TEIL II – UMSETZUNG

VORWORT

Wieviel Zeit stecken Sie in die Entwicklung Ihrer Produkte oder Dienstleitungen und wieviele Stunden in Ihr Corporate Design?

In den letzten Jahren haben wir beobachtet, dass das Corporate Design für viele Unternehmen ein lästiges Übel geworden ist, das erledigt werden muss und gerade durch die steigende Anzahl an Kommunikationsmedien und -kanälen zu einer unüberschaubaren Angelegenheit heranwachsen kann.

Dabei ist das Corporate Design das Bindeglied zwischen Ihren Produkten/Dienstleistungen und Ihren Kunden. Es bietet die riesige Chance, Ihre Angebote nach außen hin treffend und schnell verständlich darzustellen und so mehr Aufmerksamkeit zu gewinnen und mehr Menschen zu erreichen!

Dieses Buch ist ein kurzer, einfach anwendbarer Leitfaden zum Thema Corporate-Design-Planung, der Unternehmer und Marketingexperten bei der Entscheidungsfindung, welche Bestandteile ihr Corporate Design haben sollte und welche Kommunikationsmedien sie umsetzen möchten, unterstützt.

Als Kommunikations-Expertinnen sind wir seit mehr als 15 Jahren (erst in Agenturen, dann selbstständig) in den Bereichen Corporate Design und Editorial Design tätig und schöpfen aus unseren

Erfahrungen im Entwurf und bei der Umsetzung von Corporate Designs sowohl für mittelständische Unternehmen als auch für Konzerne. In diesem Buch zeigen wir so kurz und knapp wie möglich und so detailliert wie nötig auf, wie Sie als Unternehmer bzw. als Marketingexperte an die Planung eines Designs herangehen können, angefangen bei der Analyse der Unternehmensziele bis zur Umsetzung des Designs durch geeignete Kreativpartner.
Sie werden schnell merken: **Gutes Design ist kein Zufall.**
Ein gutes Design ist wie eine »Kreativ-Gleichung«, die aufgeht. Vor dem Gleichheitszeichen steht dabei die Absicht und die Zielgruppe, für die das Angebot Ihres Unternehmens bestimmt ist. (Wer soll womit angesprochen werden?) Hinter dem Gleichheitszeichen steht das Design als logische Lösung. (Eine Visualisierung, die die Zielgruppe auf ideale Weise anspricht.)

Im *Teil I* dieses Buches, der **Analyse**, werden die wichtigsten Fragen zum Thema **Angebot, Vision, Zielgruppe und Kommunikationskanäle** gestellt. Sie selbst bestimmen dabei, »wohin die Reise inhaltlich wirklich gehen soll«.

Im *Teil II,* der **Umsetzung,** wird eine konkrete **Bestandsaufnahme** durchgeführt, bei der Sie feststellen, welche Medien und Design-Bestandteile bereits vorhanden sind, so dass Sie beim Abgleich von Zielvorstellung und Wirklichkeit sehen, was tatsächlich noch fehlt.

Danach wird der **Designprozess** aufgezeigt, das heisst der Ablauf, wie ein Design idealerweise gemeinsam und auf Augenhöhe mit dem Kreativpartner entwickelt wird. Dabei werden die einzelnen Schritte, die man üblicherweise zusammen (zeitweise auch getrennt) geht, genau dargestellt. Für Neulinge, die noch nie einen Designprozess durchlaufen haben, ist dieser Abschnitt sicher sehr interessant. Aber auch »alte Hasen« erhalten hier die Chance, zu erkennen, was bisher schief gelaufen ist und was man besser machen kann in der Kreativarbeit.
Anschließend folgt ein geniales Tool: der Designcheck.
Wir haben beobachtet, dass es Auftraggebern oft sehr schwer fällt, Entwürfe (egal ob Logos, Broschüren, Website oder anderes) überhaupt zu beurteilen. Deshalb haben wir einen **einfachen Fahrplan entwickelt, mit dem Sie schrittweise zu einem Urteil über ein Design kommen können.**

Wir empfinden diesen Fahrplan als kleine Revolution, und nennen diesen Teil den **»Designcheck«** (Seite 88).
Durch einen Designcheck wissen Sie wirklich, ob Ihr Auftrag erledigt ist und Ihre Kreativ-Gleichung am Ende aufgeht oder nicht.
Dabei geht es nicht mehr nur um Geschmacklichkeiten, sondern um logisch nachvollziehbare Kriterien, mit Hilfe derer man Entwürfe beurteilen kann, und über die man vernünftig diskutieren kann.

Das klingt nach viel Arbeit?
Lassen Sie sich nicht entmutigen, wahrscheinlich brauchen Sie gar nicht alle Kommunikationsmedien und es genügt, wenn Sie ein paar ausgewählte Medien haben, mit denen Sie werben und kommunizieren.

Frei nach dem Motto: Statt zu viel, lieber weniger und besser!
Wir wünschen Ihnen viel Erfolg!

Miriam Ertl & Aenne Storm

Dieses Arbeitsbuch zum Thema Corporate Design ist so kurz wie möglich und so lang wie nötig gehalten. Insgesamt haben wir auf lange Bleiwüsten verzichtet und stattdessen finden Sie kurze knappe Texte, die oft mit Fragen gespickt sind, deren Beantwortung bei Ihnen liegt.

Dabei können Sie dieses Buch entweder von vorne nach hinten »ducharbeiten« oder nur in einzelnen Kapiteln stöbern.
Die Texte sind extra leicht und schnell verständlich geschrieben. Fachwörter erklären wir im **Glossar** (Seite 117) und auf den letzten Seiten werden typische Fragen innerhalb der **FAQs** (Seite 112) geklärt. Zusätzlich finden Sie hinten im Buch (Seite 111) beispielhafte Fragen für ein **Briefing**.

Teilweise können Sie Ihre Erkenntnisse direkt hier im Buch auf den bereitstehenden Schreiblinien notieren. Darüber hinaus empfiehlt es sich, dass Sie ein Notizbuch oder Block und Stift bereit halten, wenn Sie ausführlichere Gedanken schriftlich festhalten wollen.

Sollten Sie nur einzelne Kapitel aufschlagen und lesen, bedenken Sie auf jeden Fall, dass die Analyse eine wichtige Grundlage ist, um zu verstehen, was man danach in der Umsetzung besser machen kann.
Dieses Buch ist unserem Arbeitsalltag nachempfunden.
Die Fragen, die wir stellen, sind Fragen, die wir im echten Leben unseren Kunden stellen. Die Hinweise, die wir geben, geben wir auch unseren Kunden. Deshalb gibt es kaum Quellen, da wir nicht außerhalb recherchiert haben, sondern aus unseren Erfahrungen schöpfen und diese hier aufzeigen.

Wir haben keinen Anspruch auf Richtigkeit und Vollständigkeit.
Andere Gestalter mögen anders arbeiten.
Für uns hat sich dieses Vorgehen bewährt.
Wir hoffen, unsere Methode hilft auch Ihnen weiter.

Bei Fragen können Sie sich gern an uns wenden.
Am Ende des Buches finden Sie einen Kontakthinweis.

TEIL I

ANALYSE

DEFINIEREN SIE IHRE ZIELE,
ANALYSIEREN SIE IHREN BEDARF!

THE BIG FIVE

MIT DEN FOLGENDEN 5 × 5 FRAGEN NÄHERN SIE SICH IHRER FIRMENPHILOSPHIE AN UND LEGEN IHRE INHALTLICHE RICHTUNG FEST.
WENN SIE SICH BEWUSST WERDEN, WAS SIE WEM GENAU ANBIETEN WOLLEN UND WIE SIE IHRE ZIELE KOMMUNIZIEREN, HABEN SIE EINEN KOMPASS, DER SIE UND IHREN KREATIVPARTNER SICHER DURCH DEN DESIGNPROZESS LEITET.

Bevor Sie überhaupt an Ihrem Corporate Design arbeiten bzw. einen Kreativpartner beauftragen, sollten Sie auf jeden Fall wissen, welche Produkte und Dienstleistungen Sie genau anbieten und was Ihr Angebot besonders macht. Sie sollten auch die Zielgruppe bzw. Zielperson kennen, für die das Angebot bestimmt ist. Diese beiden Punkte klingen wie selbstverständlich, aber tatsächlich hängen viele Probleme, die im Designprozess auftreten, damit zusammen, dass anfängliche Fragen nicht geklärt wurden. Manchmal sind Produkte noch nicht genau definiert oder Zielgruppen werden pauschal zusammengefasst mit dem Satz: »Mein Produkt ist für alle.«

Wenn man sich wirklich vornimmt, dass »Alle« die Zielgruppe sind, hat man ein Problem, denn ein 50-jähriger Unternehmer interessiert sich vermutlich für andere Dinge als die 20-jährige Studentin. Es lohnt sich, Zielgruppen möglichst genau zu definieren, um Produkte auf die Bedürfnisse der Zielgruppe zuzuschneiden.

Auf den folgenden Seiten stellen wir zu **5 Themen jeweils 5 wichtige Fragen vor, die Ihnen helfen, Ihre Ausrichtung klar sehen zu können.** Am besten beantworten Sie die Fragen für sich und nehmen die Quintessenz mit ins erste Gespräch mit dem Kreativpartner.

Wenn Sie sich kreativ beteiligen wollen, können Sie Ideen zum Beispiel in Form von Fotos oder Zeitungsausschnitten sammeln, die Sie inhaltlich oder optisch mit Ihrem Produkt verknüpfen können.

Ein Beispiel: Sie besitzen ein Familienunternehmen, das seit 50 Jahren Wanderschuhe herstellt und möchten den visuellen Auftritt verjüngen, um eine neue, jüngere Zielgruppe anzusprechen.
Im Internet sammeln Sie Bilder von jungen Leuten, die gern draußen unterwegs sind. Wie ticken diese Leute, was treibt sie an?
Aus solchen Impressionen und Zusammenstellungen lassen sich Ideen für Wertevorstellungen und Ästhetik entwickeln.
Die Antworten der 5 × 5 Fragen müssen nicht ausführlich in langen Sätzen formuliert sein, Stichworte reichen aus.

Wenn Sie ein ganz neues Produkt auf den Markt bringen und unsicher sind, in welche Richtung Sie gehen sollen, können andere Produkte als Vorbilder, sogenannte Benchmarks, helfen.

Tipp:
Am Ende des Kapitels »Big Five« können Sie alle Antworten und Stichpunkte nochmals durchgehen und die 5–6 Schlüsselwörter, die Ihnen am wichtigsten sind, herauspicken.

Wenn Sie diese sogenannten Keywords als Grundlage für einen Designauftrag nehmen, dann haben Sie sogar Fixpunkte, die Ihnen den Weg hin zu dem für Sie und Ihr Produkt besten visuellen Auftritt zeigen können.

Bei unseren Wanderschuhexperten könnten die Keywords lauten:
Naturliebe – Energie – Zukunft – Umweltschutz – Dankbarkeit.
Sehen Sie die Bilder dazu im Kopf?
Der Markenauftritt kann diese Werte widerspiegeln.

WAS WIRD ANGEBOTEN?

Welches Produkt oder welche Dienstleistung bieten Sie genau an?

1.1 Was bekommt der Kunde (3 Schlagwörter)?

1.2 Welche(n) Vorteil/Mehrwert/Problemlösung bietet Ihr Produkt/Dienstleistung?

1.3 Warum haben Sie sich für dieses Produkt/Dienstleistung entschieden, welche Motivation hatten Sie bzw. was hat Ihre Person mit dem Produkt zu tun?

1.4 In welchem Preissegment wird das Produkt/die Dienstleistung angeboten?

1.5 Was ist anders an Ihrem Produkt/Dienstleistung als am Produkt der Mitbewerber (USP)?

WER IST IHRE ZIELGRUPPE / ZIELPERSON?

Wen sprechen Sie wirklich mit Ihrem Angebot an?

2.1 Was zeichnet Ihre Zielpersonen aus – Hobbys, Interessen, Stil, Konsumverhalten, Lebenssituation?

2.2 An welchen Werten orientieren sich Ihre Zielpersonen?

2.3 Mit welcher Marke würden sich Ihre Zielpersonen bereits identifizieren?

2.4 Haben Sie mehr als eine Zielgruppe?

2.5 Haben Ihre Zielgruppen untereinander Kontakt und Anknüpfungspunkte?

GIBT ES EINE VISION FÜR DIE ZUKUNFT?

Ist Ihr Angebot ausbaufähig oder möchten Sie es sogar verändern?

3.1 Wie sieht Ihr Angebot in 2 Jahren aus?

3.2 Wie entwickelt sich Ihr Angebot dahin – stufenweise Veränderungen oder Module, die Ihr Portfolio erweitern?

3.3 Welche Ziele verfolgen Sie mit der Dienstleistung / Produkt?

3.4 Welches Wachstum (Mitarbeiteranzahl, Absatz, Erweiterung der Produktpalette) können Sie wie bewältigen?

3.5 Wo sehen Sie selbst sich in Zukunft (bleiben Sie dabei oder wechseln Sie den Aufgabenbereich)?

WIE BEGEGNEN SIE IHRER ZIELGRUPPE?

Wie sprechen Sie Ihre Zielgruppe idealerweise an?

4.1 Wo überall (online: Webportale oder offline: Messen) treffen Sie Ihre Zielgruppe?

4.2 Wie sieht Ihr Kundenportfolio aus: Haben Sie Stammkunden, saisonale Kunden oder stets Neukunden?

4.3 Welchen Jargon verstehen Ihre Zielpersonen?

4.4 Wie oft und zu welchen Gelegenheiten kommunizieren Sie persönlich mit Mitgliedern Ihrer Zielgruppe?

4.5 Erhalten Sie konkretes Feedback von Ihrer Zielgruppe?

WAHL DER KOMMUNIKATIONS-KANÄLE

Für welche Richtung und für wieviele Kanäle wollen Sie sich entscheiden?

5.1 Welche Kommunikationskanäle (Print, Website, Social Media, TV, Radio, ...) bespielen Sie momentan?

5.2 Welche Kanäle passen am besten zu Ihrer Zielgruppe und Ihren Produkten/Zielgruppen?

5.3 Mit welchen Kanälen oder Materialien fühlen Sie selbst sich am wohlsten im Kundenkontakt?

5.4 Wieviel Zeit wollen Sie mit der Erstellung der Beiträge für die Zielgruppe auf den diversen Kanälen verbringen?

5.5 Zu welchem Zeitpunkt und mit welcher Gewichtung wollen Sie die Kanäle bespielen?

FAZIT – DAFÜR STEHT UNSER UNTERNEHMEN:

Notieren Sie 2–5 Keywords oder Sätze als Grundlage für Ihren Designauftrag (siehe Seite 21).

WAS IST CORPORATE DESIGN?

DURCH DAS CORPORATE DESIGN WERDEN ALLE VISUELLEN ELEMENTE IHRES AUFTRITTS KLAR DEFINIERT.
SO SICHERN SIE SICH EIN EINHEITLICHES ERSCHEINUNGSBILD NACH AUSSEN, WERDEN BESSER GESEHEN UND ERLANGEN MEHR AUFMERKSAMKEIT BEI IHREN KUNDEN.

Die Begriffe Corporate Identity und Corporate Design werden häufig verwechselt.

Ein **Corporate Design** ist die Summe der visuellen Elemente, die den Auftritt einer Firma oder Marke bestimmen – die wichtigsten darunter: Logo, Hausschriften, Hausfarben, grafische Formen und Gestaltungselemente sowie der Bildstil.

Die **Corporate Identity** dagegen umfasst *alle* Elemente, die die gesamte Identität einer Firma oder Marke bestimmen – darunter die Themen Corporate Behaviour, Corporate Communication, Corporate Design etcetera.
Die einzelnen Medien sind Kommunikationsmaßnahmen in Form von Websites, Broschüren, Social Media-Beiträgen und andere.

Das Corporate Design dient als Basis für die **Gestaltung sämtlicher Kommunikationsmaßnahmen**. Wenn es kein Corporate Design gibt oder dieses unzulänglich definiert ist, sehen die gestalteten Medien oft uneinheitlich aus. Im schlimmsten Fall wird dann für den Betrachter des Mediums der Absender der Botschaft nicht richtig klar erkennbar.

Das heißt, es wird eine Kampagne oder eine Reihe von Medien kreiert und diese werden Ihrem Produkt oder der Marke nicht zugeordnet und sind damit auch nicht voll wirksam.

Im besten Fall gestaltet man ein Corporate Design zum Zeitpunkt einer Firmen-, Markengründung oder einer Produktentwicklung. Ohne Gestaltungsvorgaben wächst ein visueller Auftritt meist in verschiedene, unbestimmte Richtungen.

In so einem Fall kann man nachträglich einen Stopp einlegen, Bilanz ziehen und dann ein einheitliches Corporate Design entwerfen lassen und veröffentlichen. Diese Vorgehensweise bringt aber immer die Frage mit sich, ob man Teile aus dem bisher eigentlich nur improvisierten Firmen- oder Markenbild beibehalten will (zwecks Wiedererkennung) oder nicht. Behalten Sie visuelle Komponenten aus dem bisherigen Design, dann achten Sie auf Urheberrechte.
Der Kreativpartner, der ursprüngliche Elemente, entworfen hat, hat die Urheberrechte an dem Design inne und sollte gefragt werden, bevor das Design einfach verändert wird.

Unser Tipp: Starten Sie frisch in einen Corporate Design-Prozess, nehmen Sie sich sogar die Freiheit eines Neustarts.

Ein Corporate Design ist vor allem dann wichtig, wenn unterschiedliche Parteien für die Gestaltung der Kommunikationsmaßnahmen verantwortlich sind, sowohl innerhalb einer Firma (der Firmeninhaber, die Marketingabteilung, die Produktabteilung usw.) als auch auf Kreativseite (eine Webagentur, eine Designagentur, ein Zeitungsverlag usw.).

Nur durch klare Vorgaben kann gewährleistet werden, dass Medien von unterschiedlichen Parteien gleich gestaltet werden.

Zu den Kernelementen des Corporate Designs gehören in jedem Fall die folgenden 4 Elemente:

- **Logo**
- **Hausschrift(en)**
- **Hausfarbe(n)**
- **Bildstil**

Darüber hinaus können noch mehr Vorgaben für das Design gemacht werden. Beispielsweise kann der genaue Aufbau von Medien wie Broschüren, Anzeigen, Flyern und Beschilderungen inklusive Vermaßungen und Gestaltungsrastern in einem Corporate Design Manual beschrieben werden. Ebenso können Icons oder Illustrationen im Corporate-Design-Bildstil entwickelt und die genaue Anwendung und mögliche Erweiterung derselben vorgegeben werden.
Manuals für Unternehmen mit vielen Mitarbeitern beschäftigen sich häufig auch mit dem Aufbau von Geschäftspapieren (Briefbögen und Vistenkarten), da hier verschiedenste Fälle in der Umsetzung auftreten (Visitenkarten mit langen Namen, vielen Zusätzen etc.) und alle Fälle im vorgegebenen Design umsetzbar sein sollen.
Unternehmen mit vielen Tätigkeitsbereichen und Unternehmenssparten beschäftigen sich im Manual oft mit der Unterscheidung dieser Sparten durch spezielle Kennzeichnungen am Logo (textliche Zusätze zum Logo, Farbunterschiede etc.).
Aber auch Elemente, bei denen man nicht gleich an die Zugehörigkeit zum Corporate Design denkt, können im Manual fest definiert werden, beispielsweise:

- **Merchandising-Artikel**
- **Audiosequenzen, die in Werbespots vorkommen**
- **Materialien, die typischerweise verwendet werden (z. B. Papier)**
- **Veredelungstechniken (für Druckprodukte)**

Unser Tipp zur Entwicklung eines Corporate Designs:

Konzentrieren Sie sich zusammen mit dem Kreativpartner auf jeden Fall auf die 4 Kernelemente, Logo, Hausschriften, Hausfarben und Bildstil.

Beginnen Sie Ihren Corporate Design-Prozess hiermit und definieren Sie diese 4 Elemente möglichst klar. Überlegen Sie dann im nächsten Schritt, mit welchen Medien Sie noch zu tun haben, deren Definition wichtig wäre.

LOGO

DAS LOGO IST DAS HERZSTÜCK EINES CORPORATE DESIGNS. ES IST DAS ZEICHEN, DAS FÜR EIN UNTERNEHMEN STEHT. IM BESTEN FALL HAT ES EINE GEWISSE STRAHLKRAFT UND WIEDERERKENNBARKEIT, DIE HILFT DEN WERT EINER FIRMA ODER MARKE ZU VERDEUTLICHEN.

Je nach Entwurf kann ein Logo aus einer Wortmarke, einer Bildmarke oder einer Kombination aus beidem bestehen. Die Wortmarke ist demnach der Teil des Logos, der aus Buchstaben besteht – meist der Firmenname. Sprüche oder Mottos, die neben dem Logo stehen, nennt man Claim. Die Bildmarke ist der Teil des Logos, der bildhaft ist. Innerhalb der Bildmarke des Logos können Buchstaben integriert sein (z. B. Anfangsbuchstaben oder Abkürzungen). Im Logo werden die wichtigsten Hausschriften und Hausfarben sichtbar.

Je umfangreicher eine Firma und deren Handlungsspielraum, desto üblicher die Einführung unterschiedlicher Logo-Versionen (Bsp. Logo Originalversion, Logo mit Claim, Logo mit Zusatz einer Firmenabteilung), je nach Bedarf.

Ist ein Entwurf fertiggestellt, sollte ein Logo mit Respekt und Achtsamkeit verwendet und eingesetzt werden. Es empfiehlt sich die Erstellung eines Corporate Design Manuals (ein Handbuch), in dem der ideale Umgang mit dem Logo beschrieben wird.

Beispielsweise machen Kreativpartner immer darauf aufmerksam, dass das Logo in Farbe, Form und Proportionen nicht verändert werden sollte, da dies zur Verwässerung des Erscheinungsbilds führt.
In jedem Fall sollte ein Logo äußerlich und technisch so beschaffen sein, dass es in allen üblichen Medien (Print und Digital) angewendet werden kann.

Ihr Logo ist Ihr Zeichen, Ihr Flaggschiff, Ihr ganzer Stolz.
Passen Sie gut darauf auf!

Haben Sie bereits erste Vorstellungen zu Ihrem Logo? Ihre Antworten sind nützlich für den Kreativpartner.

1. Wollen Sie ein Logo bestehend aus einer Schrift oder Schrift und einem Bild oder nur aus einem Bild?

2. Ist Ihr Unternehmensname leicht merkbar und lesbar?

3. Würden Sie gern einen neuen Unternehmensnamen entwickeln?

4. Benötigen Sie neben dem Unternehmenslogo auch Produktlogos?

5. Steht ein bestimmtes Bild oder ein Spruch (Claim) für den Unternehmenskern?

SCHRIFT

DIE ENTSCHEIDUNG FÜR DIE HAUSSCHRIFT EINES UNTERNEHMENS SOLLTE MIT BEDACHT UND ERST NACH REIFLICHER ABSPRACHE ZWISCHEN KREATIVPARTNERN UND AUFTRAGGEBERN GETROFFEN WERDEN.

Neben Selbstverständlichkeiten wie der Bereitstellung aller Akzente und Umlaute in der Muttersprache, sollte auf jeden Fall überlegt werden, ob in der Firmenliteratur (kurz- oder langfristig) auch andere Sprachen auftauchen, die zusätzliche Akzente und Sonderzeichen benötigen.

Außerdem lohnt es sich, wenn man sich zum Zeitpunkt der Corporate Design-Entwicklung und der Auswahl der Hausschrift Gedanken darüber macht, in welchen Medien die Schrift auftauchen wird und wieviel Text untergebracht werden muss. Gibt es beispielsweise viele Broschüren mit langen Fließtexten, lohnt sich die Wahl einer Schrift mit schmalen Buchstaben, da man so mehr Text unterbringt. Es ist üblich, zusätzlich zur Hausschrift gerade in umfangreicheren Publikationen wie Broschüren oder Magazinen noch eine oder sogar mehrere andere Schriften zusätzlich zu verwenden. Oftmals wird ein Schriftduo gewählt – dann wird die Hausschrift durch eine auffälligere Schrift in den Überschriften ergänzt. Eine exklusive Lösung ist die Entwicklung einer eigenen Hausschrift.

Bevor man die schwerwiegende Entscheidung für eine Schrift als Hausschrift trifft, empfiehlt sich auch ein Schrifttest. Es lohnt sich, das komplette Alphabet und Satz- und Sonderzeichen einmal auszudrucken und zu begutachten und zusätzlich Fließtexte in unterschiedlichen Größen auszudrucken, um einen Eindruck vom Schriftbild zu bekommen. *Sind die voreingestellten Buchstabenabstände ideal zueinander oder zu eng, zu weit?* Auch die Lizenzfrage, wieviel für die Verwendung der einzelnen Schnitte bezahlt werden muss, will geklärt werden. Natürlich sollte entschieden werden, ob im Internet dieselbe Schrift oder eine lizenzfreie Systemschrift verwendet wird (was oft der Fall ist). Keine Angst, im Grunde ist das nicht Ihr Job, sondern der Job der Designseite.

Haben Sie bereits erste Vorstellungen zum Thema Schrift? Ihre Antworten sind nützlich für den Kreativpartner.

1. In welchen Sprachen kommuniziert Ihr Unternehmen?

2. Wie lauten die Namen Ihrer Mitarbeiter und Kollegen?

3. Nutzen Sie bereits eine Hausschrift?

4. Sind Sie bereits im Besitz einer Schriftlizenz?

5. Haben Sie eine Vorliebe für eine bestimmte Schrift?

FARBE

DIE HAUSFARBE ODER HAUSFARBEN TAUCHEN IM LOGO AUF UND WIEDERHOLEN SICH IM ERSCHEINUNGSBILD EINER FIRMA IN ALLEN MEDIEN.

Vor allem auf grundlegenden Medien, wie der Geschäftspapierausstattung und der Corporate Website, tauchen die Hausfarben in der Regel immer auf. Bei zusätzlichen freieren Medien, wie zum Beispiel Kundenmagazinen oder in Posts auf Social Media-Kanälen, können auch zusätzlich ganz andere Farben (sowie Schriften und Gestaltungselemente) dazukommen, eventuell sogar dominieren.
Bei der Auswahl der Hausfarben können Sie entweder auf Sehgewohnheiten und bekannte psychologische und gelernte Bedeutungen von Farben zurückgreifen – z. B. technische Firmen verwenden häufig Silber oder Schwarz und Unternehmen, die ihre Verbundenheit mit der Natur betonen wollen, setzen auf Grün – oder Sie können bewusst neue Wege gehen.

Denken Sie bei der Auswahl der Hausfarben unbedingt daran, alle Farbwerte für unterschiedliche Kanäle festzulegen und für Printmedien über einen Farbproof zu testen.
Es gibt unterschiedliche Farbsysteme für verschiedene Zwecke. CMYK (CyanMagentaYellowKey) für Printprodukte, die in der Euroskala gedruckt werden, PANTONE (Sonderfarben) für Printprodukte, RGB (RotGrünBlau) für Bildschirmdarstellung, RAL (Farbenkatalog) für Lackierungen.

Eine gut gewählte Hausfarbe kann einen so hohen Wiedererkennungswert haben, dass sie durch den gezielten Einsatz die Aufmerksamkeit Ihrer Zielgruppe gewinnt und sich gegenüber Konkurrenten durchsetzen kann.
Ein kleines Gedankenspiel: An welche Firma denken Sie, wenn Sie die Farbe Magenta sehen? Sehen Sie!
Die geschickte Wahl einer merkfähigen Hausfarbe lohnt sich und der kontinuierliche Einsatz derselben sorgt dafür, dass am Ende alles auf magische Art zusammenpasst!

Haben Sie bereits erste Vorstellungen in Bezug auf Farben? Ihre Antworten sind nützlich für den Kreativpartner.

1. Nutzen Sie bereits eine bestimmte Farbe?

2. Stellen Sie Produkte in einer bestimmten Farbgebung her?

3. Haben Sie Farben, die Ihnen besonders zusagen?

4. Gibt es eine unbeliebte Farbe?

5. Welche Farbe würde Ihre Unternehmensphilosophie widerspiegeln?

BILDSTIL

DER BILDSTIL EINES UNTERNEHMENS WIRD SPÜRBAR IN UNTERSCHIEDLICHEN THEMENFELDERN WIE PRODUKTFOTOGRAFIE, IMAGEFOTOGRAFIE UND INFOGRAFIKEN. EIN GUT INSZENIERTER BILDSTIL SPRICHT DAS AUGE DES BETRACHTERS UNMITTELBAR AN UND IST EIN EMOTIONALER BOTSCHAFTER FÜR IHR UNTERNEHMEN.

Große Unternehmen setzen auf eine definierte Bildsprache und lassen Fotos für den Einsatz auf der Website oder innerhalb der Unternehmsliteratur immer extra von professionellen Fotografen erstellen (Fotoshooting). Die Vorgaben bei einem solchen Fotoshooting können zum Beispiel lauten: Fröhliche Menschen steigen in ein neues Auto und kuscheln sich in die bequemen Sitze, während sie mit den Fingern an den vielen technischen Extras des neuen Fahrzeugs begeistert herumspielen.

Und nachdem Sie den Absatz über die Hausfarbe gelesen haben, wissen Sie, dass das Kleid der Fahrerin und die Reisetasche auf dem Rücksitz nicht rein zufällig die Hausfarbe des werbenden Unternehmens haben.
Durch den gezielten Einsatz dieser so entstandenen zum Unternehmen passenden und sehr anregenden Bilder entstehen beim Konsumenten positive Gefühle und Assoziationen.

Vielleicht kennen Sie das von sich selbst, wenn Sie etwas kaufen wollen, dann wägen Sie vor allem bei großen Anschaffungen ab und vergleichen, aber am Ende entscheidet oft das Gefühl: Mit welchem Produkt oder bei welchem Dienstleister fühle ich mich wohl?

Zu dem Thema Bildstil zählen auch gestalterische Elemente wie Muster, Farbflächen, Illustrationen, grafische Formen, Icons oder Piktogramme – alle gestalterischen Elemente, die für eine Wiedererkennbarkeit und Atmosphäre sorgen können.

All diese verschiedenen Elemente lassen sich auch untereinander kombinieren.

Haben Sie bereits erste Vorstellungen in Bezug auf den Bildstil? Ihre Antworten sind nützlich für den Kreativpartner.

1. Nützen Sie bereits Bildelemente wie Fotografien, Grafiken, Illustrationen?

2. Für welchen Zweck benötigen Sie in jedem Fall Fotografien?

3. Ist es in der Unternehmenskommunikation wichtig, dass Sie Informationen in Infografiken übersetzen?

4. Benötigen Sie Mitarbeiter-Fotografien?

5. Haben Sie einen Lieblingsstil für Fotografien, Grafiken, Illustrationen?

BESTANDS-AUF-NAHME

JETZT SIND SIE GEFRAGT!
WELCHE ELEMENTE SIND BEREITS DEFINIERT UND WELCHE MARKETING- ODER WERBEMASSNAHMEN WERDEN ZU DIESEM ZEITPUNKT BEREITS UMGESETZT? KREUZEN SIE VORHANDENES AN, ERGÄNZEN SIE GERNE, WAS SIE NICHT IN DER LISTE FINDEN. ÜBERLEGEN SIE, WELCHE DER NICHT ANGEKREUZTEN ELEMENTE SIE NOCH BRAUCHEN KÖNNTEN. DARAUS ERGIBT SICH IHRE TO-DO-LISTE (SIEHE SEITE 68 – 69).

---

1. GRUNDELEMENTE CORPORATE DESIGN

(Logo, Schriften, Farben, ...)

Alle Elemente, die das Aussehen Ihrer Medien grundsätzlich bestimmen.

- O **LOGO**
- O **LOGO NEBENVERSIONEN**
- O **CLAIM**
- O **HAUSSCHRIFTEN**
- O **HAUSFARBEN**

BILDSTIL:

- O **GRAFISCHE FORMEN (MUSTER, VERLÄUFE, ...)**
- O **FOTOGRAFIE (IMAGE-, PRODUKTFOTOGRAFIE, ...)**
- O **ILLUSTRATIONEN (AUCH PIKTOGRAMME, ICONS,**
- O **TECHNISCHE ZEICHNUNGEN)**

- O ______________________
- O ______________________
- O ______________________

---

2. GESCHÄFTSAUSSTATTUNG

(Briefbogen, Visitenkarte, Website ...)

Alle Medien, die Ihr Unternehmen ausweisen und (fast nur) Kontaktmöglichkeiten bieten.

- O **WEBSITE**
- O **BRIEFBOGEN**
- O **BRIEFBOGEN DIGITAL (WORD)**
- O **VISITENKARTE**
- O **E-MAIL-SIGNATUR**
- O **BRIEFUMSCHLAG**
- O **GRUSSKARTE**
- O **STEMPEL**
- O **ADRESSAUFKLEBER**
- O **MAPPEN**
- O **TERMINBLOCK**

- O ____________________
- O ____________________
- O ____________________

---

3. INFOMATERIAL

(Flyer, Broschüren, Powerpoint ...)

Alle Medien, die über Tätigkeiten und Produkte Ihres Unternehmens informieren.

- O **IMAGEBROSCHÜRE**
- O **IMAGEFILM**
- O **PRODUKTBROSCHÜRE**
- O **MITARBEITERMAGAZIN**
- O **KUNDENMAGAZIN**
- O **FLYER**
- O **PRESSEMAPPE**
- O **POWERPOINT-PRÄSENTATION**
- O **BEDIENUNGSANLEITUNG**

- O ______________________
- O ______________________
- O ______________________

---

4. VERPACKUNGEN

(Etikett, Anhänger, Karton, ...)

Alles womit Sie Ihre Produkte einpacken und dem Kunden senden oder überreichen können.

- O **PRODUKTVERPACKUNG**
- O **PRODUKTETIKETT**
- O **PRODUKTANHÄNGER**
- O **BANDEROLE**
- O **KARTONVERPACKUNG**
- O **GEBRANDETES KLEBEBAND**

- O ____________________
- O ____________________
- O ____________________

5. MASSNAHMEN VERTRIEB

(Webshop, Produktkatalog, Tragetaschen, ...)

Alles womit Sie Ihre Produkte vertreiben und den Kunden direkt präsentieren.

- O **WEBSHOP**
- O **PRODUKTKATALOG**
- O **TRAGETASCHEN**
- O **GESCHENKPAPIER, -BÄNDER**
- O **BONUSKARTEN**
- O **KUNDENSTOPPER**
- O **POINT OF SALE-MATERIAL**

- O ______________________
- O ______________________
- O ______________________

---

6. WERBUNG PRINT

(Anzeigen, Plakate, Werbematerial, ...)

Alle Medien und Aktionen, die für Ihre Produkte oder Dienstleistungen in gedruckter Form werben.

- O **KUNDENMAGAZIN**
- O **ANZEIGEN**
- O **ZEITUNGSEINLEGER**
- O **PLAKATE**
- O **CITYCARDS**

- O ______________________
- O ______________________
- O ______________________

---

7. ON AIR / WEB-WERBUNG

(TV-Spots, Newsletter, Google-Ads, ...)

Alle Medien und Aktionen, die für Ihre Produkte oder Dienstleistungen digital oder On Air werben.

- O **WEBBANNER**
- O **NEWSLETTER**
- O **TV-SPOTS**
- O **RADIO-SPOTS**
- O **GOOGLE-ADS**
- O **FACEBOOK-ANZEIGEN**
- O **INSTAGRAM-ANZEIGEN**
- O **YOU TUBE-ANZEIGEN**
- O **ANZEIGEN IN APPS**

- O ____________________
- O ____________________
- O ____________________

---

8. BESCHILDERUNGEN UND BESCHRIFTUNGEN

(Schilder, Fahrzeugbeklebung, Arbeitsbekleidung, ...)

Alle Beschriftungen, die auf Ihr Unternehmen hinweisen oder helfen Sie zu finden.

- O **AUSSENSCHILDER**
- O **INNENSCHILDER**
- O **TÜRSCHILDER**
- O **STELEN**
- O **FAHNEN**
- O **FAHRZEUGBESCHRIFTUNG (LKW, PKW)**
- O **ARBEITSBEKLEIDUNG**
- O **ÜBERSICHTSPLAN**

- O ______________________
- O ______________________
- O ______________________

---

9. MASSNAHMEN MESSE

(Messestand, Roll-Up, Streumaterial, ...)

Alle Dinge, mit denen Sie ihr Unternehmen zusätzlich auf einer Messe präsentieren können.

- O **MESSESTAND**
- O **MESSETHEKE**
- O **MESSEMÖBEL**
- O **ROLL-UP**
- O **STREUMATERIAL (Z. B. BONBONS)**

- O ______________________
- O ______________________
- O ______________________

---

10. SOCIAL MEDIA

(Facebook, Instagram, TikTok, ...)

Alle Internetplattformen, auf denen Sie Ihre Firma und Ihre Produkte mit Profilbild, Posts, etc. präsentieren können.

- O **FACEBOOK**
- O **INSTAGRAM**
- O **PINTEREST**
- O **SNAPSHAT**
- O **TIKTOK**
- O **XING**
- O **LINKEDIN**
- O **YOUTUBE**

- O ______________________
- O ______________________
- O ______________________

11. VERSCHIEDENES

(Für Arztpraxen: Terminzettel, für Gastronomie: Speisekarten, ...)
Alles, was Sie speziell in Ihrer Branche benötigen.

- O **SPEISEKARTE**
- O **BECHER**
- O **BIERDECKEL**
- O **TISCHAUFSTELLER**
- O **EINTRITTSKARTEN**
- O **TERMINZETTEL**
- O **REZEPTBLOCK**
- O **BONUSKARTE**
- O **PROGRAMMHEFT**

- O ____________________
- O ____________________
- O ____________________

TO-DO-LISTE »VERBESSERN«

Notieren Sie hier, welche Elemente Sie ergänzen oder verbessern wollen:

TO-DO-LISTE »NEU MACHEN«

Notieren Sie hier, welche Elemente noch fehlen und Sie neu machen wollen:

CHECK-
LISTE

PRÜFEN SIE, OB DIE ANALYSE
ZU ERGEBNISSEN GEFÜHRT HAT.

BIG FIVE

KEYWORDS

LOGO

SCHRIFT

FARBE

BILDSTIL

BESTANDS-
AUFNAHME

TO-DO-
LISTEN

TEIL II

UM-SETZUNG

FINDEN SIE DEN RICHTIGEN KREATIVPARTNER UND LERNEN SIE DESIGNS ZU BEURTEILEN!

DER DESIGN-PROZESS

VOM ERSTEN KONTAKT ZUM KREATIVPARTNER, ÜBER IDEEN UND ENTWURFSPRÄSENTATIONEN BIS HIN ZUM FERTIGEN MEDIUM ODER CORPORATE DESIGN DURCHLAUFEN SIE IN DER DESIGN-ENTWICKLUNG BESTIMMTE SCHRITTE.
BEHALTEN SIE DEN ÜBERBLICK!

Jeder Weg hin zu einem definierten Corporate Design oder gestalteten Medium durchläuft bestimmte Phasen.
Je nach Erfahrung und Angebot des Kreativpartners können die einzelnen Phasen unterschiedlich lang und ausführlich ausfallen. Vor dem eigentlichen Start des Designprozesses steht das Kennenlernen des Kreativpartners, die Formulierung der Aufgabe (Briefing) und die Einigung über das Honorar.
Sobald der Kreativpartner Ihre Erwartungen und Wünsche kennt, beginnt die Entwurfsphase, deren Höhepunkt die Präsentation ist. Jetzt wird deutlich, ob die Designaufgabe verstanden und treffend umgesetzt wurde. In einer oder mehreren Feedbackrunden werden Entwürfe eventuell noch verändert und angepasst.
Dies ist die heikelste Phase, denn mitunter sind Ihre Vorstellungen ganz anders als die des Kreativpartners. Der Designcheck kann Ihnen helfen, Entwürfe anhand logischer Kriterien klar zu beurteilen und Verbesserungspotentiale zu erkennen. Ist das Design fertiggestellt, beginnt die Produktionsphase. Alle Entwürfe werden in ihre Endform gebracht. Zum Projektabschluss sollte klargestellt werden, wie mit dem Corporate Design oder den erstellten Medien weiter umgegangen wird.

IN 10 SCHRITTEN ZUM FERTIGEN DESIGN:

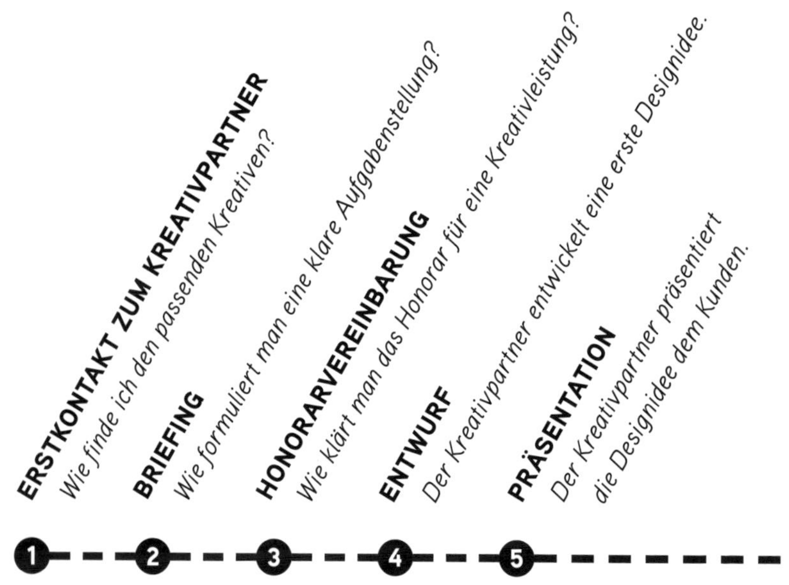

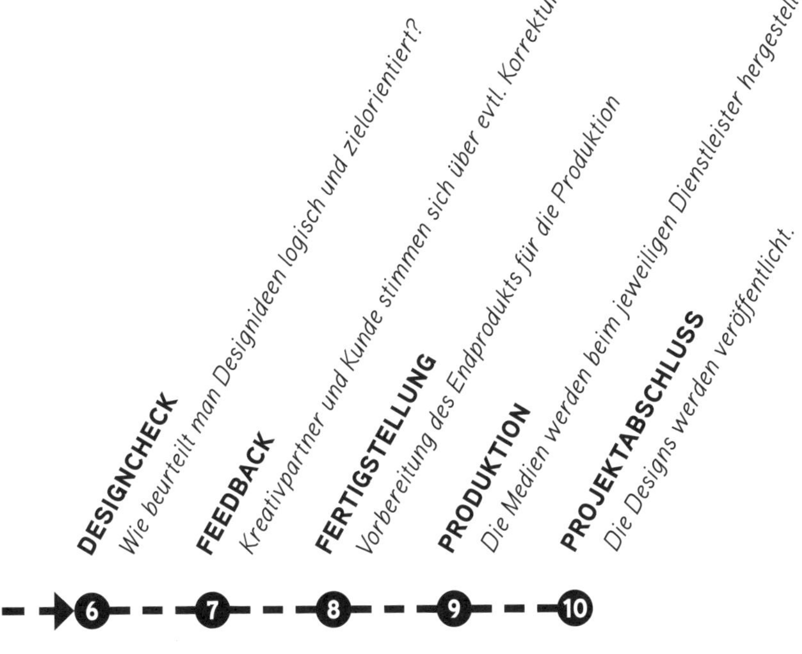
DESIGNCHECK
Wie beurteilt man Designideen logisch und zielorientiert?
FEEDBACK
Kreativpartner und Kunde stimmen sich über evtl. Korrekturen ab.
FERTIGSTELLUNG
Vorbereitung des Endprodukts für die Produktion
PRODUKTION
Die Medien werden beim jeweiligen Dienstleister hergestellt.
PROJEKTABSCHLUSS
Die Designs werden veröffentlicht.
6
7
8
9
10

1) ERSTKONTAKT ZUM KREATIVPARTNER

Wie finde ich den passenden Kreativen?

Eine professionelle Planung und Umsetzung Ihres Corporate Designs und Ihrer Unternehmenskommunikation können Sie am ehesten von erfahrenen Kreativpartnern erwarten.

Prüfen Sie am besten im Vorfeld Professionalität, Arbeitsweise und Referenzen der Designagentur oder der freien Designer, die Sie als mögliche Kreativpartner in Augenschein nehmen. Fragen Sie sich, ob deren Herangehensweise zu Ihnen und Ihren Vorstellungen passt. Was erwarten oder erhoffen Sie sich?

Geht es um die saubere, visuell ansprechende Ausarbeitung eines komplizierten Inhalts oder um eine kreative, künstlerische Interpretation Ihres Unternehmens?

Gut zu wissen:

- Je weiter ein Kreativpartner entfernt ist, desto schwieriger und kostspieliger werden mögliche persönliche Treffen (Präsentationen) sowie der Austausch von Mustern (zwecks Produktionsabsprachen).

- Je größer und bekannter eine Agentur, desto größer und bekannter deren Kunden. Die größten, gewinnbringendsten Auftraggeber bekommen die meiste Aufmerksamkeit.

- Je spezifischer Sie suchen, desto leichter finden Sie den passenden Kreativpartner, z. B. über Suchmaschinen (Begriffe wie Design + Ihr Standort), Nachfragen bei Designverbänden, über Impressumsangaben und die klassische Empfehlung.

Vereinbaren Sie am besten einen Kennenlerntermin und hören Sie auf Ihr Bauchgefühl.

2) BRIEFING

Wie formuliert man eine klare Aufgabenstellung?

Während ein Angebot den finanziellen Rahmen eines Projekts klärt, beschreibt das Briefing das gesamte Designprojekt inklusive der Zielsetzung, der gewünschten Zielgruppe, des geplanten Umfangs, des Designstils, des zeitlichen Rahmens und der Verantwortlichkeiten (Beispiel für einen Briefingbogen, Seite 111).

Klären Sie im Vorfeld die folgenden Fragen:

- Welchen Zweck soll die Designlösung für mein Unternehmen erfüllen?
- Wer soll mit der geplanten Designlösung angesprochen werden?
- Welche Vorstellungen und Ideen gibt es für das Design?
- Zu welchem Zeitpunkt soll das Ergebnis vorliegen?
- Mit welchem Dienstleister (Fotograf, Druckerei, ...) soll das Projekt umgesetzt werden?

Gut zu wissen:

- Jeder Designauftrag bietet eine Antwort zu einer Problemstellung oder einem Belang und mit jedem Designauftrag positionieren Sie Ihr Unternehmen.
- Besprechen Sie daher die richtige Gewichtung von nötiger Information (Rahmensetzung) und kreativer Freiheit für wirksame, erfolgreiche Designlösungen mit dem Kreativpartner.
- Das Briefing ist die Grundlage zur Formulierung des Honorarrahmens für den Kreativpartner und beschreibt den Umfang der Maßnahmen.

Liefern Sie Informationen, die für den Kreativpartner von Belang sind, bereits im Vorfeld.

3) HONORARVEREINBARUNG

Wie klärt man das Honorar für eine Kreativleistung?

Ihr Bedarf, Ihr Anspruch und die Leistungsfähigkeit des Kreativpartners bestimmen Ihre Investitionen für Kreativleistungen und die damit verbundene Qualität der Ergebnisse.

Überlegen Sie sich also im Vorfeld: Wie viel ist mir mein Unternehmen wert? Und welches Honorar kann ich für gewinnbringende Kreativleistungen bezahlen?

Stundensätze von Kreativpartnern können ganz unterschiedlich ausfallen. Je erfahrener ein Kreativpartner ist, desto höher wird der Honorarsatz liegen. Dies kann sich auf längere Sicht auszahlen. In Publikationen wie dem »AGD Vergütungstarifvertrag« sind Honorare für beispielhafte Gestaltungsleistungen aufgeführt, diese können Vorbild für ein Angebot sein.

Gut zu wissen:

- Im Angebot sollten Aufgaben, Prozessschritte und Medien und deren Umfang und Umsetzung genau beschrieben werden, so dass Kosten transparent werden. (Bsp.: Broschüre, 60 Seiten DIN A4, Einsatz von vom Kunden gestellten Fotos und Texten ...)

- Je geringer das veranschlagte Honorar, desto wahrscheinlicher ist es, dass Sie weniger eine maßgeschneiderte, sondern mehr eine standardisierte Lösung erhalten.

- Beachten Sie: Kreativleistungen unterliegen auch dem Urheberrecht. Achten Sie daher auf Anmerkungen zu Nutzungs- und Lizenzrechten und lesen Sie auch das Kleingedruckte.

Sprechen Sie mit dem Kreativpartner offen über Ihr Budget, auch um individuelle Lösungen zu finden.

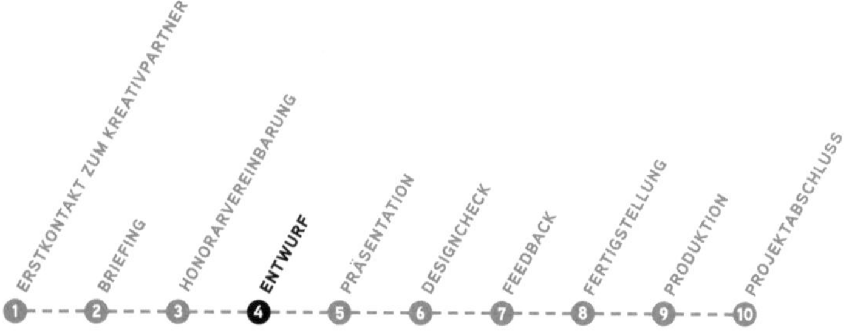

4) ENTWURF

Der Kreativpartner entwickelt eine erste Designidee.

Nachdem Sie nun das Briefing formuliert und ein Honorar festgelegt haben, geht es los.

Kreativpartner haben unterschiedliche Arbeitsweisen. In den meisten Fällen erarbeitet der Kreativpartner den ersten Entwurf der Designidee auf Grundlage des Briefings aber ohne Ihr Zutun, es sei denn, ein Designworkshop oder eine gemeinsame Entwurfsphase wurde angeboten und vereinbart.

Es ist wahrscheinlich, dass der Kreativpartner mit einer Recherchephase (Research) startet, Wettbewerbsanalysen anfertigt, Kreativtechniken verwendet (Brainstorming, Mindmapping), Ideen entwickelt und bis zur Präsentationsreife ausarbeitet.

Gut zu wissen:

- Je nach Absprache mit dem Kreativpartner können Sie bei der Präsentation mit einem oder mehreren Entwürfen für die Designlösung rechnen. Bedenken Sie, je mehr Varianten Ihnen vorgestellt werden, desto schwieriger könnte es sein den treffsicheren Entwurf herauszufinden, dabei können Sie den Designcheck anwenden (siehe Seite 88).

- Je nach Arbeitsweise des Kreativpartners, Umfang des Designauftrags und Vorbereitung der Präsentationsunterlagen kann es vom Briefing bis zur Präsentation auch mal ein paar Wochen dauern.

Für Sie heißt es jetzt Vertrauen zu haben und zu warten bis zum Präsentationstermin.

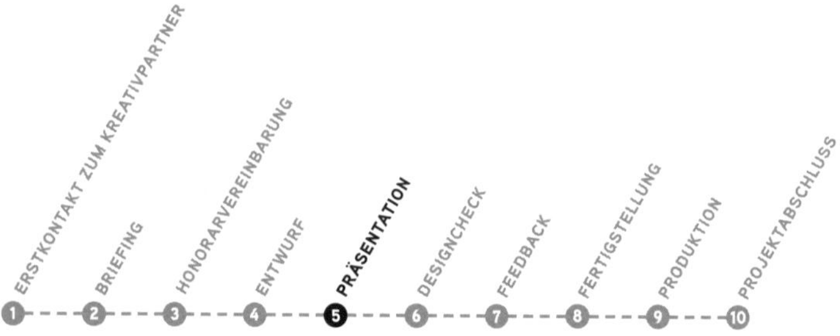

5) PRÄSENTATION

Der Kreativpartner präsentiert die Designidee dem Kunden.

Bei der Präsentation wird der erste Entwurf gezeigt. Der Kreativpartner sollte hier das grundlegende Konzept erläutern, alle relevanten Designelemente aufzeigen und die Idee, wie das Design funktioniert, nachvollziehbar erklären.

Bei Corporate Designs ist es sinnvoll, eine Auswahl an Anwendungen auf unterschiedlichen Medien zu präsentieren: Briefbogen und Visitenkarte, das Cover einer Imagebroschüre und ein Firmenschild zum Beispiel ...
Hierbei geht es darum, das Zusammenspiel der Grundelemente des Corporate Designs beurteilen zu können.

Der Umfang der Präsentation ist abhängig von der Vereinbarung mit dem Kreativpartner.

Gut zu wissen:

- Der in der Präsentation gezeigte Entwurf kann über die im Briefing formulierten Wünsche hinausgehen und mit zusätzlichen kreativen Ideen angereichert sein, und damit dem Kunden eine unerwartete Lösung anbieten, die trotzdem zum Briefing passt.

- Es ist sinnvoller über einen gut hergeleiteten, ausgearbeiteten Entwurf zu sprechen, als viele unterschiedliche Entwürfe zu betrachten.

- Vergessen Sie nicht bei der Präsentation oder danach auch über Konzeptionelles und Inhaltliches zu sprechen, z. B. über das Gestaltungsraster, den Strukturbaum einer Webseite oder die Semantik in Anzeigentexten.

Lehnen Sie sich zurück und genießen Sie die Präsentation.

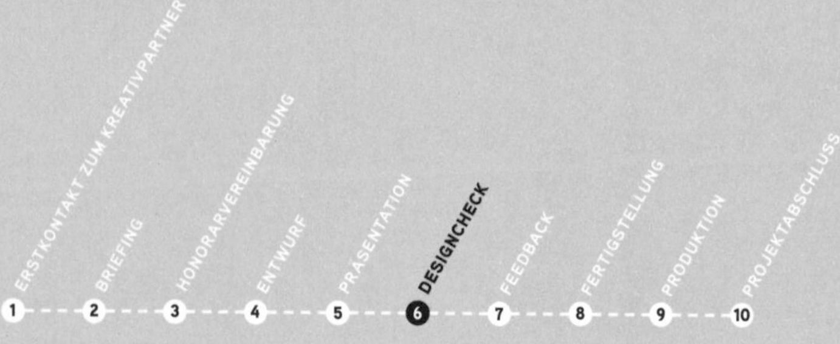

6) DER DESIGNCHECK

Wie beurteilt man Designideen logisch und zielorientiert?

Über ein Design zu sprechen kann schwierig sein und es besteht immer die Gefahr, dass man in Geschmacklichkeiten abdriftet.

Der Designcheck stellt Ihnen Kriterien vor, nach denen Sie Designentwürfe beurteilen können – als Grundlage für ein zielführendes und konstruktives Gespräch über das Design mit Ihrem Kreativpartner.

Diese Kriterien können Sie sowohl bei einem Logo als auch bei den Medien eines Corporate Designs anwenden.

Kurzanleitung zum Designcheck:

- Lesen Sie auf den folgenden Seiten die Kriterien des Designchecks

- Betrachten Sie den Entwurf – also das Design – des Kreativpartners und stellen Sie sich folgende Frage zu jedem der sieben Kriterien:

  IST DAS DESIGN ...?

IST DAS DESIGN

ZUTREFFEND

?

ÜBERZEUGT SIE DER KREATIVE ENTWURF AUF DER LOGISCHEN EBENE?

- Stellt das Design visuell dar, worum es inhaltlich geht und nimmt es das Briefing auf?
- Sind Informationen im Entwurf verständlich präsentiert und aufbereitet?

IST DAS DESIGN

ÄSTHETISCH

?

ÜBERZEUGT SIE DER KREATIVE ENTWURF AUF DER ÄSTHETISCHEN EBENE?

- Ist das Design stilistisch, ästhetisch anziehend und besitzt es eine gewisse Ausstrahlung?
- Wird das Image, das Sie sich selbst zuschreiben würden, visuell widergespiegelt?

IST DAS DESIGN

MERKFÄHIG

?

ÜBERZEUGT SIE DER KREATIVE ENTWURF AUF DER »ERINNERUNGSEBENE«?

❯ Ist das Design so prägnant, dass es in einer visuell überfluteten Welt in Erinnerung bleibt?

Schließen Sie dazu kurz die Augen und stellen Sie sich das Design vor Ihrem inneren Auge vor. Klappt's?

IST DAS DESIGN

KONKURRENZ-FÄHIG

?

ÜBERZEUGT SIE DER KREATIVE ENTWURF AUF DER »VERGLEICHSEBENE«?

- Haben Konkurrenten ein ähnliches Design oder hebt sich Ihr Design neben dem Design Ihrer Konkurrenz deutlich ab?

- Vergleichen Sie Ihre Entwürfe mit denen der Konkurrenz – wollen Sie Trittbrettfahrer oder Leuchtturm sein?

Wahren Sie mit Ihrem Design eine gewisse Distanz zur Konkurrenz, um nicht Urheberrechte Dritter zu verletzten.

IST DAS DESIGN

ANSPRECHEND

?

ÜBERZEUGT SIE DER KREATIVE ENTWURF AUF DER »ZIELEBENE«?

- Spricht das Design ihre Zielgruppen an und passt das Design von Konzept, Inhalt und Ästhetik zu Ihrem Vorhaben?

Denken Sie hierzu noch einmal an »Wie begegnen Sie Ihrer Zielgruppe?« auf Seite 24.

IST DAS DESIGN

ZEITGERECHT

?

ÜBERZEUGT SIE DER KREATIVE ENTWURF AUF DER »ZEITEBENE«?

- Ist das Design trendy und kurzlebig oder eher nicht einer Zeitepoche zuzuordnen und langlebig?
- Sie haben eine Aktion geplant – entspricht das Design dem Einsatzzeitraum des Mediums?

IST DAS DESIGN

PRODUZIERBAR

?

ÜBERZEUGT SIE DER KREATIVE ENTWURF AUF DER »PRODUKTIONSEBENE«?

❯ Ist das Design in allen Medien (online / offline) darstellbar? (Negativbeispiel: sehr feine, dünne Linien können bei einem Druckerzeugnis nicht glatt und durchgängig dargestellt werden.)

Bitten Sie den Kreativpartner mit dem Produzenten (z. B. Druckerei) darüber zu sprechen, ob das Design für die Produktion geeignet ist und ob eventuelle Zusatzkosten entstehen.

EIN »GUTES« DESIGN IST EINES, DAS ZU IHNEN PASST.

DER DESIGNCHECK ZUSAMMENGEFASST:
DAS DESIGN IST…

ZUTREFFEND

ÄSTHETISCH

KONKURRENZ-
FÄHIG

MERKFÄHIG

ANSPRECHEND

ZEITGERECHT

PRODUZIERBAR

!

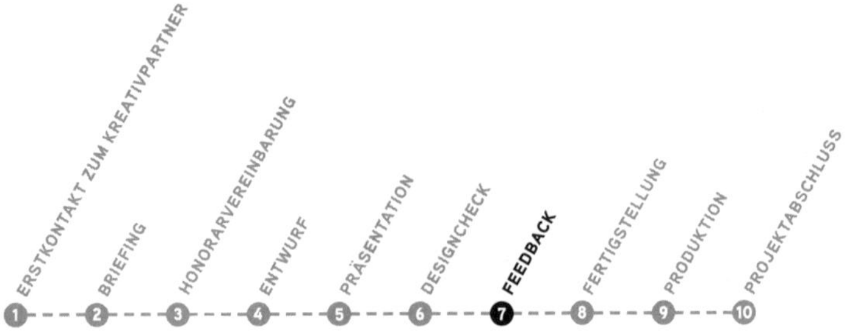

7) FEEDBACK

Kreativpartner und Kunde stimmen sich über evtl. Korrekturen ab.

Glückwunsch, wenn Ihnen das Design auf Anhieb gefällt!
Dann ist keine Feedbackrunde vonnöten und Sie können zur Produktion übergehen. Wahrscheinlich werden Sie für sich nach erfolgter Präsentation aber ein Resümee ziehen und ein Feedback mit Verbesserungsvorschlägen formulieren.
Machen Sie sich bewusst, dass Ihr Feedback die Richtung des Corporate Designs elementar beeinflusst. Versuchen Sie deshalb ein möglichst rationales Feedback zu geben. Machen Sie sich dabei die **Big Five** und den **Designcheck** zunutze!

Ihr Feedback ist die Grundlage für die Überarbeitung des ersten Entwurfs.

Gut zu wissen:

- Wenn Sie Feedback von Vertrauten einholen, bedenken Sie: Gehört der Befragte zu Ihrer Zielgruppe? Ist das Feedback relevant?

- Häufig gibt es mehr als eine Feedbackrunde. Im Angebot sollte vorher festgelegt werden, wieviele Korrekturrunden enthalten sind.

- Seien Sie auch offen dafür, dass der Kreativpartner Sie dahingehend beraten kann, dass Korrekturen für das Corprorate Design eventuell nicht relevant sind.

Denken Sie dran, geschmäcklerische Kritik bringt Sie nicht weiter!

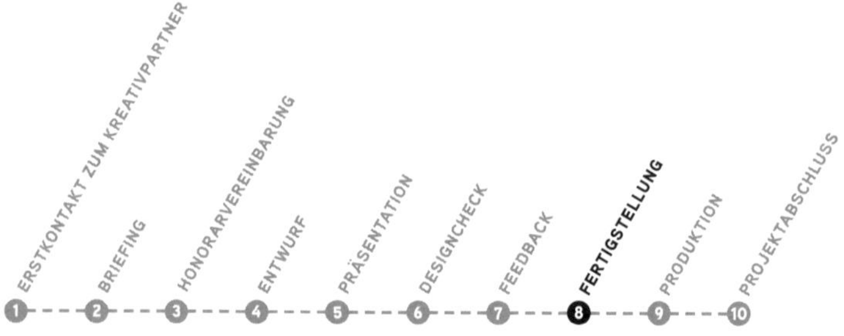

8) FERTIGSTELLUNG

Vorbereitung des Endprodukts für die Produktion

Wenn die Gestaltungsphase und alle Korrekturen beendet sind, beginnt die Fertigstellung.

Bei Printprodukten kann diese Phase die Reinzeichnung, die Papierwahl und Arbeitsschritte wie finale Bildbearbeitung, Feinsatz, Lektorat sowie Anpassungen an Druckanforderungen beinhalten.

Bei digitalen Produkten wie beispielsweise einer Website kann es darum gehen, dass der Kreativpartner Vorgaben zur Umsetzung der Gestaltung für den Programmierer definiert.

Gut zu wissen:

- Je nach Umfang des Projekts benötigt die Fertigstellung auch mal mehrere Arbeitstage. Selbst die Reinzeichnung für einen Flyer kann 2 – 3 Tage dauern.

- Je mehr Projektbeteiligte am Freigabeprozess in Ihrem Unternehmen involviert sind, desto mehr Zeit wird hier benötigt.

- Ein besonderes i-Tüpfelchen der Fertigstellung ist ein Design Manual. Darin werden die wichtigsten Aspekte des Corporate Designs festgelegt und definiert. Den Umfang bestimmen Sie am besten zu Beginn der Zusammenarbeit mit dem Kreativpartner.

Üblicherweise erfolgt am Ende dieser Phase eine Produktionsfreigabe, am besten per Unterschrift.

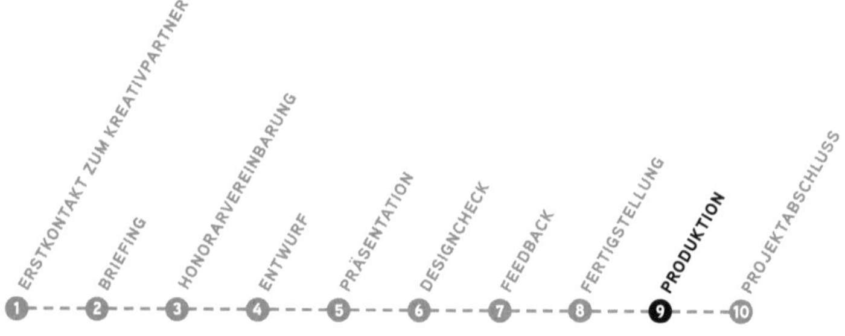

9) PRODUKTION

Die Medien werden beim jeweiligen Dienstleister hergestellt.

Produktion heißt, dass die Medien im Corporate Design gefertigt werden. Ein Flyer wird gedruckt, eine Website wird programmiert.

Bei Printprodukten spielen oftmals Qualitätskontrollen wie Proofs oder Testdrucke eine wichtige Rolle. Hier wird abgestimmt, in welcher Qualität die Abbildungen (Farbigkeit, Kontrast, Schärfe, Raster) im Endprodukt gedruckt werden.

Digitale Produkte werden auf Funktionalität und gute Darstellung auf unterschiedlichen Interfaces vom Programmierer, Auftraggeber und Kreativpartner getestet.

In beiden Fällen haben Sie Einfluss auf das Ergebnis, da der Kreativpartner Sie um eine allerletzte Freigabe bittet.

Gut zu wissen:

- Ideal ist es, mit dem Kreativpartner und dem Produzenten rechtzeitig einen Auslieferungstermin zu vereinbaren.

- Auf der Suche nach einem Produzenten können Sie den Kreativpartner nach Referenzen fragen. Oder schauen Sie doch bei Medien, die Ihnen gefallen, ins Impressum, wer an der Produktion beteiligt war.

- Es gibt bei Produzenten einen Qualitätsunterschied. Auch wenn Onlinedruckereien oft günstige Anbieter von Druckmedien sind, so werden hier weniger individuelle Wünsche erfüllt und einfachere Materialien (Papier, Druckfarben) eingesetzt sowie Qualitätskontrollen ausgelassen.

Das Ende der Produktion ist die Auslieferung oder Freischaltung.

10) PROJEKTABSCHLUSS

Die Designs werden veröffentlicht.

Am Ende eines Projekts steht die Veröffentlichung der Kommunikationsmaßnahmen oder des neuen Corporate Designs. Wie es veröffentlicht wird, entscheiden Sie.
Die Anwendung des neuen Corporate Designs während eines Messeauftritts ist spektakulärer als die schlichte Verwendung neuer Visitenkarten im Alltag.

Die weitere Verteilung der entstandenen Medien erfolgt durch den Auftraggeber oder eine professionelle Agentur für Werbung und Öffentlichkeitsarbeit.

Was jetzt noch fehlt ist die Honorarabrechnung und eine eventuelle Feedbackrunde zwischen Auftraggeber und Kreativpartner zum Ergebnis. Sofern kein Rahmenvertrag besteht, endet die Zusammenarbeit an dieser Stelle.

Gut zu wissen:

- Es lohnt sich, das erste Feedback zum Design vor allem von der eigenen Zielgruppe einzuholen.
- Das neue Design einer bekannten Firma wird fast immer wahrgenommen und kommentiert, im schlechtesten Fall ruft es negative Kritik hervor. Wenn Sie es nach dem Designcheck (siehe Seite 88) beurteilt haben, können Sie Ihr Design aber gut begründen.
- Die Veröffentlichung einer Website nennt man Go-Live.
- Nach einem angemessenen Zeitraum (1 – 2 Jahre) können Sie überprüfen, ob Kommunikationsmaßnahmen gegriffen haben, noch aktuell sind oder überholt werden sollten.

Und jetzt nur Mut und raus mit dem Design!

Hurra

ANHANG

BRIEFINGBOGEN

Innerhalb des Briefingbogens können Sie mit dem Kreativpartner zusammen den Umfang eines Mediums konkret benennen (z. B. Broschüre DIN A4 mit 24 Seiten, überwiegend Texte, wenige Illustrationen). Darüber hinaus können auch übergeordnete Fragen gestellt werden, die den Sinn des Mediums sowie die Organisation und den Ablauf beschreiben. Beziehen Sie in ein Briefing Ihre Antworten zu den Big Five, den Corporate Design-Fragen und die Bestandsaufnahme ein.

- Was für eine Art Medium schwebt Ihnen vor?
- Welchen Zweck dient die Maßnahme?
- Müssen Sie ein bestimmtes Ziel mit der Maßnahme erfüllen?
- Welche Emotion soll angesprochen werden?
- Haben Sie Inhalte gesammelt?
- Wer liefert Texte / Fotografien / Grafiken?
- Gibt es für Sie beispielhafte Vorbilder von Mitbewerbern?
- Welche Verantwortlichen sind am Designprozess beteiligt?
- Gibt es einen Erscheinungs- oder Vorstellungstermin, o. ä.?
- Bedarf die Maßnahme einer ständigen Betreuung oder ist diese einmalig?

FAQS

◆ **Wie lange dauert ein Design-Prozess?**
Das kommt auf den Umfang an und darauf, wie klar die Aufgabenstellung vorher formuliert wurde. Am schnellsten kommen Sie ans Ziel, wenn Sie die Vision für Ihr Unternehmen klar benannt haben und eine überschaubare Anzahl an Design-Elementen und -Medien von kreativen Profis in einem definierten Zeitrahmen entworfen werden. Die Entwicklung eines umfangreichen Designs kann mehrere Monate oder Jahre dauern.

◆ **Muss ich alle Teile eines Corporate Designs haben, beziehungsweise alle Kommunikationskanäle bedienen?**
Die Grundelemente Ihres Corporate Designs (Logo, Schrift, Farben, Bildstil) sollten klar definiert sein, denn diese kommen häufig zum Einsatz. Wurden sie vorher nicht definiert, sind diese Elemente eventuell nicht einheitlich. Darüber hinaus müssen Sie natürlich nur die Kommunikationskanäle bedienen, die zu Ihrem Produkt und Ihrer Zielgruppe passen.

◆ **Wie entsteht ein herausragendes Design?**
Ein außergewöhnliches Design entsteht, wenn über die Aufgabenstellung hinaus Kunde und Kreativpartner neue Lösungen wagen.
Das sind Designs mit Strahlkraft, die von außen als besonders wahrgenommen werden, über die man spricht, die mit Designpreisen ausgezeichnet werden. Die Frage ist, ob Sie ein herausragendes Design brauchen. Manchmal ist ein schlichtes, informatives Design für die Zielgruppe passender.

- **Was kann ich tun, wenn unser Unternehmen kein eindeutiges Mission Statement hat?**
  Das Mission Statement ist die Formulierung Ihrer Firmenphilosophie. Diese Philosophie versetzt Sie in die Lage, Schritte zielgerichtet für Ihre Unternehmenskommunikation zu planen. Bevor Sie sich ohne Mission Statement auf eine Reise ohne Ziel begeben, empfehlen wir: zurück auf Anfang (siehe Seite 18).

- **»Wir haben mit einer Agentur Entwürfe erarbeitet, aber das Design gefällt uns nicht? Was können wir tun?«**
  Möglichkeit 1: Die Einzelheiten, die Ihnen nicht gefallen, klar benennen und schrittweise verbessern.

  Möglichkeit 2: Sie einigen sich auf ein Rebriefing, das heißt das Briefing wird nochmals genauer und treffender formuliert. Die Agentur erarbeitet für ein Honorar einen neuen Entwurf.

  Möglichkeit 3: Sie einigen sich darauf, dass Sie getrennte Wege gehen und suchen jemand anderen. In diesem Fall sollten Sie bisher geleistete Arbeit vergüten und die Nutzungsrechte klären.

- **Der Design Prozess stockt, was kann ich tun?**
  Fragen Sie sich, ob es am Kreativpartner liegt oder an Ihnen? Die Kreativseite benötigt Ihre Mitarbeit (in Form von Feedback, Texten, Bildern ...). Definieren Sie feste Termine, an denen Sie an dem Projekt arbeiten werden.
  Wenn es an der Kreativseite liegt, formulieren Sie das nächste Mal Termine für einzelne Prozess-Abschnitte.

- **Gehört das Design meiner Firma?**
  In der Regel gehören Ihnen nur Nutzungsrechte für ein Design. Urheberrechte verbleiben beim Kreativpartner. In ihrem Angebot bzw. Vertrag sollte genau definiert sein, wie umfangreich Sie das Design verwenden dürfen (z. B. uneingeschränkte oder eingeschränkte Nutzungsrechte, ...). Im Zweifel kann man einen Anwalt für Markenrecht konsultieren.

- **Brauche ich immer ein Briefing?**
  Ja. Ihr Auftrag sollte möglichst klar beschrieben werden, damit Ihr Kreativpartner ihn treffsicher umsetzen und einen Zeitplan erstellen kann und damit man später abgleichen kann, ob der Designauftrag erfüllt wurde (siehe Seite 80).

- **Wann brauche ich ein Corporate-Design-Manual?**
  Auch für kleine Unternehmen ist eine kurze Anleitung, die beschreibt, wie die Grund-Elemente eines Designs angewendet werden sinnvoll. Spätestens wenn neue Mitarbeiter oder andere Dienstleister (z. B. Druckereien) dazukommen, sorgt ein Corporate-Design-Manual schnell für Klarheit darüber, wie ein Design umgesetzt und angewendet wird.

- **Wieviel kostet ein Logo?**
  Der Preis eines Logos wird vom Kreativpartner bestimmt und hängt von dessen Aufwand und Know-how ab. Erfahrene Designer orientieren sich bei der Vergütung häufig an Richtwerten wie der Vergütungstabelle des AGD. Günstigere Designs sind oft einfache, standardisierte Lösungen.

◆ **Darf ich das Design verändern oder verändern lassen?**
Wenn Sie ein Design verändern wollen, müssen Sie auf jeden Fall den Urheber des Designs, also den Kreativpartner, fragen. Im Idealfall stimmt dieser der Veränderung zu oder nimmt diese sogar selbst vor.
Ansonsten wird im Design Manual die erwünschte Handhabung mit dem Design beschrieben. Generell dürfen Logos z. B. nicht formlich und farblich verändert werden.

◆ **Wie lange dauert eine Druckproduktion?**
Das kommt natürlich darauf an, was man druckt.
Wie umfangreich ist das Druckstück (10 oder 200 Seiten)?
Gibt es eine Weiterverarbeitung (Binden, Stanzen, ...)
Welches Material wird verwendet (Trocknungszeiten)?
Beispiel 1: 6-seitiger Flyer mit Leporellofalz ohne Veredelung bei einer Online-Druckerei mit Auflage 5.000 Stück gedruckt dauert ca. 3–5 Tage zzgl. Versand.
Beispiel 2: 144-seitiger Katalog mit Schweizer Broschur bei einer Druckerei vor Ort mit Auflage 25.000 Stück dauert ca. 4 Wochen.

◆ **Wenn ich Angehöriger eines Kammerberufes bin, muss man beim Corporate Design oder bei Anwendungen etwas beachten?**
Ja, wenn Sie beispielsweise eine Arztpraxis haben und eine Website erstellen lassen möchten, dürfen Sie keine Heilversprechen geben. Manche Berufe müssen auf ihren Medien bestimmte Informationen mit angeben. Ein guter Ansprechpartner ist die jeweilige Kammer selbst.

- **Wer ist verantwortlich für den Text im Impressum oder Datenschutztext auf Webseiten?**
  Dafür ist der Auftraggeber verantwortlich, also der Websitebetreiber. Bei Fragen zum Thema Datenschutz gibt es spezialisierte Fachanwälte.

- **Wie können Fehler im Druckprodukt vermieden werden?**
  Rechtschreibfehler vermeiden: Beauftragen Sie vor dem Druck ein externes Lektorat mit der Korrektur aller Texte.
  Druckfehler vermeiden: Bevor produziert wird, lassen Sie sich auf jeden Fall ein gut aufgelöstes Druck-PDF schicken und prüfen Sie in Ruhe alle Inhalte. Je nach Budget können Sie sicherheitshalber auch Farbproofs (zur Kontrolle der Farben und Bildqualität) und Standproofs (zur Kontrolle der Seiteninhalte) anfertigen lassen und freigeben. So haben Sie genau in der Hand, was letztendlich gedruckt wird.
  Druckabnahme: Bei auflagenstarken Druckaufträgen empfiehlt es sich, mit der Druckerei eine Druckabnahme vor Ort zu vereinbaren. Die Druckerei nennt Ihnen dann den Termin, wann losgedruckt wird und lädt Sie dazu ein.
  Es empfiehlt sich gemeinsam mit dem Kreativpartner, der das professionelle Auge hat, zu dem Termin zu erscheinen.
  Sie prüfen dann gemeinsam die Qualität des Drucks, indem Sie die vorher erstellten Proofs (oder andere Druckstücke, die als Referenz dienen) an erste Ausdrucke aus der Druckmaschine halten. Neben der Farbe prüfen Sie Aspekte wie Schärfe, Raster, Farbintensität (hell/dunkel), den Gesamteindruck, ...
  Professionelle Kreativpartner bieten diese Formen der Produktionskontrolle an und stellen sie auch in Rechnung, da Arbeitsstunden anfallen.

GLOSSAR

AGD (Alliance of German Designers)
Deutschlandweiter Berufsverband für selbstständige Designer

Benchmark
Eine Marke, mit der man die eigene Marke vergleichen möchte

Brainstorming
Freie assoziative Methode zur Ideenfindung

Briefing
Informative möglichst schriftliche Formulierung eines Auftrags

CityCards
Deutschlandweites System von Gratispostkarten

Claim
Worte, die als Werbeslogan für ein Unternehmen verwendet werden

Corporate Behaviour
Empfohlener Verhaltensstil der Mitarbeiter eines Unternehmens

Corporate Communication
Empfohlener Sprachstil für die Unternehmenskommunikation

Corporate Design
Einheitliche Gestaltung der visuellen Identität eines Unternehmens (z. B. Kommunikationsmedien, Produkte, ...)

Corporate Identity
Einheitliche Unternehmensidentität (bestehend aus Corporate Behaviour, Corporate Communication, Corporate Design)

Designworkshop
Treffen zur Ideenfindung und Designentwicklung

Editorial Design
Gestaltung von Magazinen, Büchern und Broschüren

Go-Live
Veröffentlichungszeitpunkt einer Website

Google Ads
Werbeanzeige, die nach Suchbegriffseingabe bei Google erscheint

Kundenportfolio
Übersicht von Kundenreferenzen

Kundenstopper
Aufklappbarer Ständer mit Werbebotschaft

Lizenzrecht
Erlaubnis darüber, etwas in einem bestimmten Rahmen zu nutzen (z. B. Schriftlizenz, Bildlizenz, ...)

Mindmapping
Ideenfindung durch das Aufzeichnen von zusammenhängenden Schlagwörtern

Mission Statement
Unternehmensleitbild oder Firmenphilosophie

On Air
Live-Übertragung von Inhalten, z. B. über Radio oder TV

Point of Sale-Material
Werbematerialien, die am Verkaufsort eines Produkts eingesetzt werden (z. B. Supermarktregal)

Proof
Probeweiser Ausdruck zur Überprüfung von Farben und Bildqualität (Farbproof) oder über das Vorhandensein aller Elemente (Formproof)

Raster
Hilfslinienraster zur Gestaltung eines Layouts

Reinzeichnung
Fertigstellung und Kontrolle von Druckdaten vor der Produktion

Research
Erforschung eines Themenkomplexes

Roll-up
Freistehendes mit Werbung bedrucktes Display zum Ausrollen

Stele
Freistehende mit Informationen bedruckte Säule

Strukturbaum
Aufbau der Unterseiten innerhalb einer Website

Template
Vorlage zum Aufbau eines Layouts oder einer Webseite

USP (unique selling proposition)
Eine USP stellt die Mehrwerte eines Produkts heraus, mit denen es sich von denen der Konkurrenz unterscheidet.

Urheberrecht
Alleiniges Recht auf den Schutz geistigen Eigentums

Veredelungstechnik
Verfeinerung von Druckprodukten (z. B. Prägen, Stanzen, Lackieren)

NACHWORT

Die Idee des Corporate Designs gibt es erst seit 100 Jahren – als eines der ersten Corporate Designs gilt das visuell einheitliche Erscheinungsbild der Firma AEG, das Peter Behrens ab 1907 entwickelte*. Damals erkannte der Architekt und künstlerische Berater, dass alle Elemente der Kommunikation und alle Produkte eine Handschrift tragen sollten, um so eine optische Zugehörigkeit zu erlangen.

Heute spricht die Kreativbranche von Markenerlebnissen und die Auswahl an Kommunikationswegen, mit denen man Zielpersonen ansprechen kann, ist riesig, beinahe unübersichtlich geworden. Kommunikations- und Designagenturen gehen nach eigenen Rezepten vor, wie sie Erscheinungsbilder entwerfen und Kommunikationsstrategien entwickeln und können ganz unterschiedliche Schwerpunkte haben. Oftmals arbeiten Unternehmen mit mehreren unterschiedlichen Kreativpartnern zusammen, was wiederum die Wichtigkeit eines vorher festgelegten Corporate Designs unterstreicht. Denn ohne einheitliche Vorgaben für die Anwendung eines Corporate Designs entsteht ein uneinheitlicher Firmenauftritt.

Egal für welchen Kreativpartner Sie sich entscheiden und welchen Weg Sie wählen, die grundsätzlichen Fragen für die Entwicklung eines Designs bleiben simpel und gleich:

- **Was bieten Sie an und wofür stehen Sie?**
- **Wen wollen Sie damit ansprechen?**
- **Wie wollen Sie was erreichen? (Siehe Teil I)**

Wenn Sie diese Fragen beantworten können, müssen Sie sich für konkrete physische Medien, digitale Inhalte oder Erlebnisse entscheiden, die Ihre Philosophie widerspiegeln. (Siehe Teil II)

Egal was in Zukunft erfunden wird und welche bahnbrechenden Strategien und digitalen Anwendungen da noch kommen, diese einfachen Fragen sind Grundlage für alles.
Wenn Sie das im Auge behalten und dann noch den Mut aufbringen, etwas Neues zu wagen, sind Sie dabei. Viel Glück!

*Seite »Peter Behrens«. In: Wikipedia – Die freie Enzyklopädie. Bearbeitungsstand: 12. August 2022, 15:00 UTC. URL: https://bit.ly/3wTEovB

Sie haben noch Fragen zum Thema Corporate Design, haben den Designcheck angewendet und sind unglücklich über das Ergebnis Ihrer Analyse oder möchten einfach mit den Autorinnen Kontakt aufnehmen? *Schön*, von Ihnen zu hören!

MIRIAM ERTL entwickelt als Kreativ-Direktorin für Kunden aus dem B-2-B Bereich, Start-Ups und Stiftungen zielorientierte, ganzheitliche Corporate Design Konzepte, die emotionale Auftritte und Designs erschaffen. Ihr Wissen dazu vermittelt sie in Workshops und als Privatdozentin. **me@miriam-ertl.de ◆ www.miriam-ertl.de**

AENNE STORM entwirft treffsichere Corporate Designs sowie smarte grafische Lösungen und berät als kreativer Kopf Firmen unterschiedlicher Branchen zum Thema Unternehmensauftritt. Sie gestaltet Magazine und Bücher mit viel Liebe für Typografie.
storm@aennestorm.de ◆ www.aennestorm.de

EIN PASSENDES CORPORATE DESIGN KANN
AUCH SIE GLÜCKLICH MACHEN.

DANKE

Aus den gestalterischen Fragestellungen, die uns in unserer beruflichen Entwicklung gestellt worden sind, konnten wir uns ein innerliches Fundament an Wissen und Erfahrungsschätzen schaffen. Dies wäre ohne Begegnungen nicht möglich gewesen. Daher danken wir allen Professoren, Dozenten, Agenturen, Kollegen und Kunden, mit denen wir auf diesem Weg zusammen gearbeitet haben.

Besonderer Dank gilt unseren Familien und ihrem Verständnis dafür, dass wir oft – sehr oft – die Abende an den Computern verbrachten, um aus einer Idee ein Buch heranwachsen zu lassen.

Ohne unseren Lektor Hermann Schenk hätte dem Buch der letzte Schliff gefehlt und wir schätzen seine Initiative, nun Autorinnen beim Vahlen Verlag sein zu können. Danke für Ihre kompetente, offene und freundliche Beratung.